U0261763

"十四五"国家重点图书出版规划项目
2020年度国家出版基金资助项目
第八届中华优秀出版物（图书）奖
2022年度"中国好书"

〔第二辑〕

AR全景看·国之重器
"蛟龙"出海

萧星寒 著 / 李向阳 主编 / 张 杰 总主编

北方联合出版传媒（集团）股份有限公司
辽宁少年儿童出版社
沈阳

© 萧星寒 李向阳 2022

图书在版编目（CIP）数据

"蛟龙"出海 / 萧星寒著; 李向阳主编. — 沈阳:辽宁少年儿童
出版社, 2022.1（2023.5 重印）
（AR全景看·国之重器 / 张杰总主编. 第二辑）
ISBN 978-7-5315-8971-6

Ⅰ. ①蛟… Ⅱ. ①萧… ②李… Ⅲ. ①潜水器—中国—少年读物
Ⅳ. ①P754.3-49

中国版本图书馆CIP数据核字（2022）第021272号

"蛟龙"出海
Jiaolong Chuhai
萧星寒 著 李向阳 主编 张 杰 总主编
出版发行：北方联合出版传媒（集团）股份有限公司
　　　　　辽宁少年儿童出版社
出 版 人：胡运江
地　　址：沈阳市和平区十一纬路25号
邮　　编：110003
发行部电话：024-23284265　23284261
总编室电话：024-23284269
E-mail:lnsecbs@163.com
http://www.lnse.com
承 印 厂：鹤山雅图仕印刷有限公司

策　　划：张国际　许苏葵
责任编辑：梁　严　武海山
责任校对：李　婉
封面设计：精一·绘阅坊
版式设计：精一·绘阅坊
插图绘制：精一·绘阅坊
责任印制：吕国刚

幅面尺寸：210mm×284mm
印　　张：3　　　　　　字数：60千字
插　　页：4
出版时间：2022年1月第1版
印刷时间：2023年5月第4次印刷
标准书号：ISBN 978-7-5315-8971-6
定　　价：58.00 元

版权所有　侵权必究

AR使用说明

1 设备说明

本软件支持Android4.2及以上版本，iOS9.0及以上版本，且内存（RAM）容量为2GB或以上的设备。

2 安装App

①安卓用户可使用手机扫描封底下方"AR安卓版"二维码，下载并安装App。

②苹果用户可使用手机扫描封底下方"AR iOS版"二维码，或在App Store中搜索"AR全景看·国之重器"，下载并安装App。

3 操作说明

请先打开App，将手机镜头对准带有 AR 图标的页面（P19），使整张页面完整呈现在扫描界面内，AR全景画面会立即呈现。

4 注意事项

①点击下载的应用，第一次打开时，请允许手机访问"AR全景看·国之重器"。

②请在光线充足的地方使用手机扫描本产品，同时也要注意防止所扫描的页面因强光照射导致反光，影响扫描效果。

丛书编委会

总 主 编 张 杰

分册主编（以姓氏笔画为序）

      孙京海　李向阳　庞之浩　赵建东　熊　伟

编　　委（以姓氏笔画为序）

      孙京海　李向阳　张　杰　庞之浩　赵建东

      胡运江　栗田平　高登义　梁　严　谢竞远

      熊　伟　薄文才

主编简介

总主编

张杰：中国科学院院士，中国共产党第十八届中央委员会候补委员，曾任上海交通大学校长、中国科学院副院长与党组成员兼中国科学院大学党委书记。主要从事强场物理、X射线激光和"快点火"激光核聚变等方面的研究。曾获第三世界科学院(TWAS)物理奖、中国科学院创新成就奖、国家自然科学二等奖、香港何梁何利基金科学技术进步奖、世界华人物理学会"亚洲成就奖"、中国青年科学家奖、香港"求是"杰出青年学者奖、国家杰出青年科学基金、中科院百人计划优秀奖、中科院科技进步奖、国防科工委科技进步奖、中国物理学会饶毓泰物理奖、中国光学学会王大珩光学奖等，并在教育科学与管理等方面卓有建树，同时极为关注与关心少年儿童的科学知识普及与科学精神培育。

分册主编

孙京海：国家天文台青年研究员。本科毕业于清华大学精密仪器与机械学系。研究生阶段师从南仁东，开展500米口径球面射电望远镜馈源支撑系统的仿真分析和运动控制方法研究。毕业后加入国家天文台FAST工程团队工作。

李向阳："蛟龙"号试验性应用航次现场副总指挥，自然资源部中国大洋矿产资源研究开发协会办公室科技与国际合作处处长。

庞之浩：教授，现为中国空间技术研究院研究员，全国空间探测技术首席科学传播专家，中国空间科学传播专家工作室首席科学传播专家，卫星应用产业协会首席专家，《知识就是力量》《太空探索》《中国国家天文》杂志编委。其主要著作有《宇宙城堡——空间站发展之路》《登天巴士——航天飞机喜忧录》《太空之舟——宇宙飞船面面观》《中国航天器》等。主持或参与编著了《探月的故事》《载人航天新知识丛书》《神舟圆梦》《科学的丰碑——20世纪重大科技成就纵览》《叩开太空之门——航天科技知识问答》等。

赵建东：供职《中国自然资源报》，多年来，长期从事考察极地科学研究工作并跟踪报道。2009年10月—2010年4月，曾参加中国南极第26次科学考察团，登陆过中国南极昆仑站、中山站、长城站三个科考站，出版了反映极地科考的纪实性图书——《极至》，曾牵头出版《建设海洋强国书系》，曾获得第23届中国新闻奖，在2016、2018年获得全国优秀新闻工作者最高奖——长江韬奋奖提名。

熊伟：《兵器知识》杂志社副主编。至今已在《兵器知识》《我们爱科学》等期刊上发表科普文章200余篇；曾参与央视七套《军事科技》栏目的策划，撰写了《未来战场》《枪械大师》系列片的脚本文案，央视国防军事频道的《现代都市作战的步兵装备》等脚本文案；曾担任《中国科普文选（第二辑）·利甲狂飙》一书主编。

序

　　我国科技正处于快速发展阶段，新的成果不断涌现，其中许多都是自主创新且居于世界领先地位，中国制造已成为我国引以为傲的名片。本套丛书聚焦"中国制造"，以精心挑选的六个极具代表性的新兴领域为主题，并由多位专家教授撰写，配有500余幅精美彩图，为小读者呈现一场现代高科技成果的饕餮盛宴。

　　丛书共六册，分别为《"嫦娥"探月》《"蛟龙"出海》《"雪龙"破冰》《"天宫"寻梦》《无人智造》《"天眼"探秘》。每一册的内容均由四部分组成：原理、历史发展、应用剖析和未来展望，让小读者全方位地了解"中国制造"，认识到国家日益强大，增强民族自信心和自豪感。

　　丛书还借助了AR（增强现实）技术，将复杂的科学原理变成一个个生动、有趣、直观的小游戏，让科学原理活起来、动起来。通过阅读和体验的方式，引导小朋友走进科学的大门。

　　孩子是国家的未来和希望，学好科技，用好科技，不仅影响个人发展，更会影响一个国家的未来。希望这套丛书能给小读者呈现一个绚丽多彩的科技世界，让小读者遨游其中，爱上科学研究。我们非常幸运地生活在这个伟大的新时代，我们衷心希望小读者们在民族复兴的伟大历程中筑路前行，成为有梦想、有担当的科学家。

中国科学院院士

目　录

第一章 探秘深海的潜水器

人类文明已经高速发展，但我们对深海的了解还很少很少。

那里，有大海最深处的秘密，蕴藏着无穷无尽的宝藏，栖息着与别处截然不同的生命。那里，是地球生命最初诞生的地方，也可能是人类最后的居所与希望。

第一节
潜水器

1 认识潜水器

　　人是陆地动物，只能短时间在较浅的水里游泳。在没有装备的情况下，人能下潜的最大深度是113米。但对平均深度为3 347米的大海而言，这个深度微不足道。我们要探索大海，必须借助潜水器。

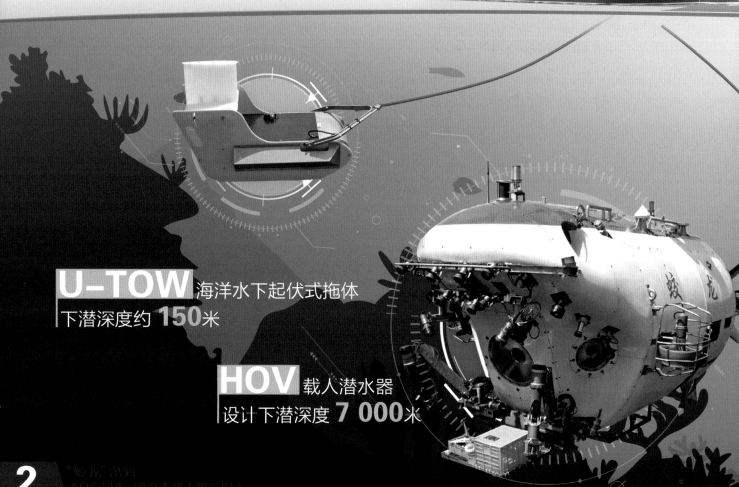

U-TOW 海洋水下起伏式拖体
下潜深度约 **150**米

HOV 载人潜水器
设计下潜深度 **7 000**米

2 探秘海底的大家族

潜水器是个大家族。根据不同的标准，潜水器有多种分法。

● 按照是否载人，分为载人潜水器和无人潜水器。

● 按照遥控方式，分为遥控式潜水器、无人无缆潜水器、自主式或智能潜水器。

● 按照潜水的深度，分为三级（潜水深度300米）、二级（潜水深度300~1 000米）和一级（潜水深度1 000米以上）三个等级潜水器。

● 按照排水量，分为微型、轻型、中型和重型潜水器。

比如，"蛟龙"号是一级科考载人重型潜水器。

AUV 无人无缆潜水器
下潜深度约 **4 500**米

ROV 遥控式潜水器
下潜深度约 **6 000**米

3 神秘家族的重要使命

● 去海里探险、旅游，是潜水器的第一个使命。

● 从古至今，无数船只、城市、飞机葬身海底。去海里考古，以及紧急救援，是潜水器的第二个使命。

● 深海有无数的秘密，包括水文、生物、地质秘密等。去海里进行科学考察，是潜水器的第三个使命。

● 现代战争中，潜艇发挥巨大作用。用于潜水器的技术也能用于潜艇。为军事服务，是潜水器的第四个使命。

潜水器的秘密

　　潜水器上浮和下潜是靠改变自身重量来实现的。如果潜水器太轻，就会沉不下去；如果太重，又会沉到海底，浮不上来。所以潜水器的重量要能产生变化。

　　早期的潜水器，用海水作压舱物。通过灌进海水和抽出海水的方式，实现潜水器的下潜与上浮。随着下潜深度的增加，靠海水作压舱物已经不够了，于是我们换成了金属压舱物，比如铁和铅，来实现潜水器的下潜与上浮。

载人潜水器能把人安全地送到海底，并作为他们水下活动的作业基地，再安全地送回陆地。

1 载人潜水器的分类

按照能源供给方式，可分为有缆载人潜水器和自由自航载人潜水器。根据舱室压力的不同，又可分为：

- 湿式潜水器：下潜时舱室充满水，潜航员必须穿戴潜水服。
- 闸式潜水器：潜航员在潜水器的闸室内加压后可下水外出工作。广泛用于海底油气开发、海底管缆铺设、水下救生等工作。
- 常压潜水器：舱室内保持一个气压值，潜航员不能外出，可借助摄像机、声呐等记录海底现象，并操纵机械手完成各种任务。

2 载人潜水器的母船

母船是载人潜水器在大海上的家。母船将载人潜水器送到预定海域。如果天气和其他条件允许执行任务，母船就用塔吊把载人潜水器吊起来放到海面。载人潜水器下水后，母船要与它时刻保持联系，存储它发回来的图文资料。

任务结束，母船用塔吊把载人潜水器吊回甲板，潜航员安全出舱，处理好采集的各种样本，还要对载人潜水器检查维修、补充物资。

3 载人潜水器的构成

载人潜水器一般由如下部分构成：

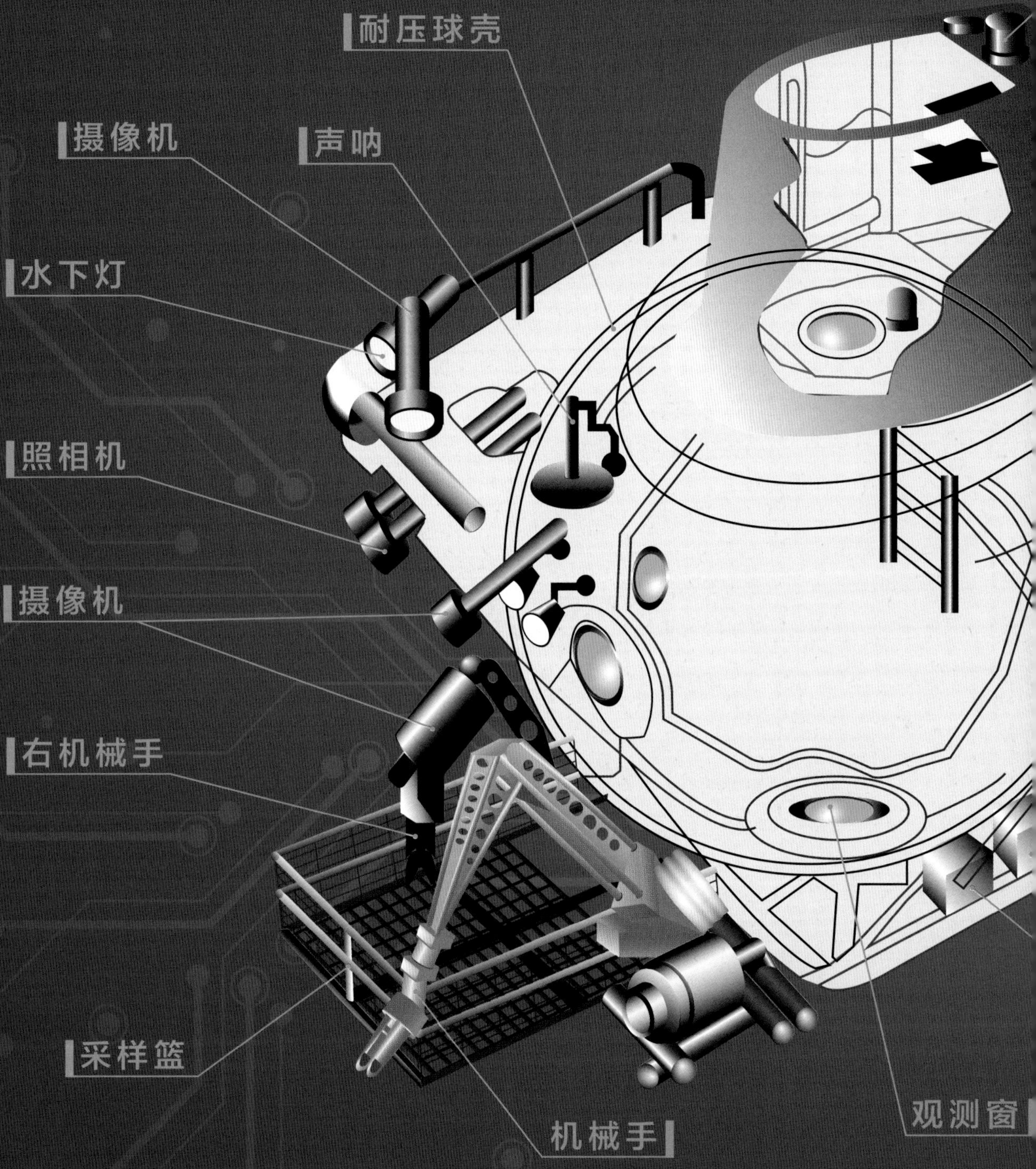

耐压球壳

摄像机　声呐

水下灯

照相机

摄像机

右机械手

采样篮　机械手　观测窗

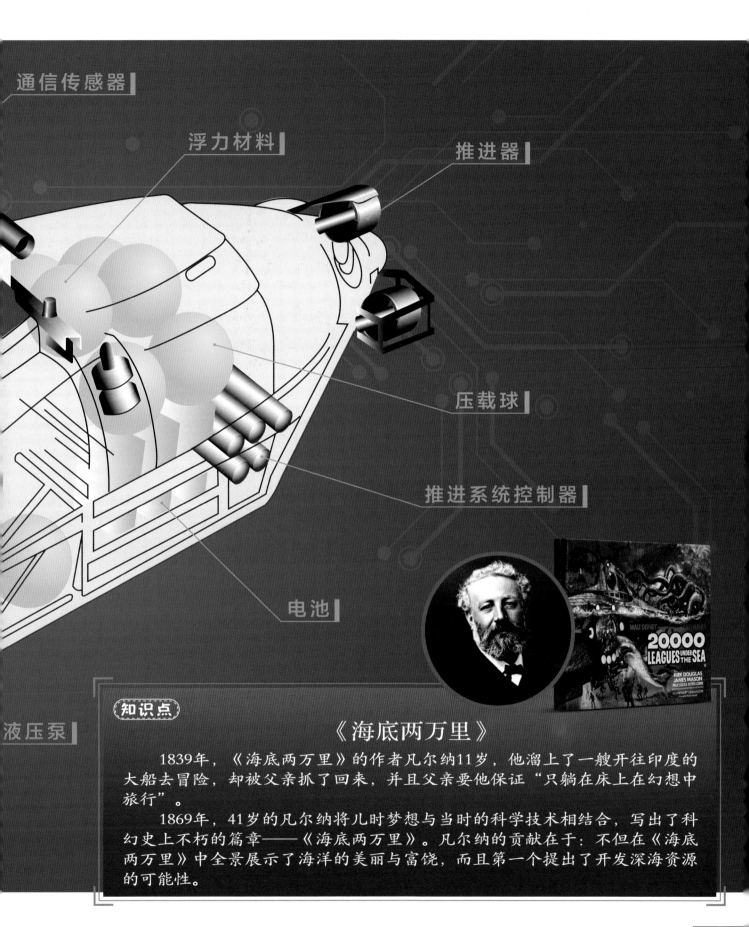

通信传感器

浮力材料

推进器

压载球

推进系统控制器

电池

液压泵

知识点

《海底两万里》

　　1839年，《海底两万里》的作者凡尔纳11岁，他溜上了一艘开往印度的大船去冒险，却被父亲抓了回来，并且父亲要他保证"只躺在床上在幻想中旅行"。

　　1869年，41岁的凡尔纳将儿时梦想与当时的科学技术相结合，写出了科幻史上不朽的篇章——《海底两万里》。凡尔纳的贡献在于：不但在《海底两万里》中全景展示了海洋的美丽与富饶，而且第一个提出了开发深海资源的可能性。

海平面

大陆架

200米　　　　　海洋上层

1 000米　　　　中层带

🇺🇸

"Antipodes" 号载人潜水器
潜水深度达300米

2 000米

3 000米

🇯🇵

"深海6500" 号载人潜水器
潜水深度达6 500米

4 000米　　　　半深海层

5 000米

6 000米　　　　深海层

7 000米

8 000米

🇺🇸

"的里雅斯特" 号载人潜水器
潜水深度近11 000米

9 000米

10 000米

超深海层

第二章 世界各国载人潜水器

研制载人潜水器的技术难度大、周期长、所需经费多。所以，研制载人潜水器体现了一个国家的综合国力。迄今为止，中国是世界上掌握万米深潜技术的少数几个国家之一。

"阿尔文"号载人潜水器
潜水深度达4 500米

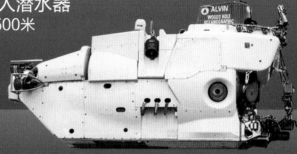

"蛟龙"号载人潜水器
潜水深度达7 000米

"深海挑战者"号载人潜水器
潜水深度近11 000米

美 国

● **"的里雅斯特"号载人潜水器**

　　1960年，两位探险家登上"的里雅斯特"号潜入马里亚纳海沟10 916米的深处，看到了黑暗中几种古怪的生物。这是人类第一次潜入万米以下的深海。

● **"阿尔文"号载人潜水器**

　　"阿尔文"号于1964年6月5日首次下水。后来经过多次改装，"阿尔文"号的性能大为提升，可下潜约8小时，必要时可以持续工作72小时，最大潜水深度为4 500米。

　　"阿尔文"号执行任务4 000多次，曾发现了海底热液口，打捞过氢弹，还参与了"泰坦尼克"号沉船的搜寻与研究。

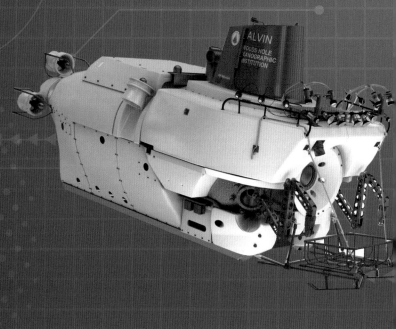

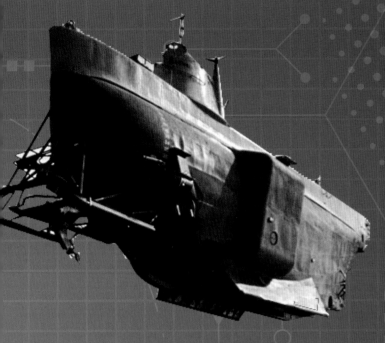

● "阿基米德"号载人潜水器

　　"阿基米德"号研制于1961年，它的形状像一个巨大的气球，是当时世界上最大、最先进的深海潜水器。1962年7月25日，"阿基米德"号首次潜入深10 542米的太平洋。此后，它一共深潜57次，身影遍及四大洋，证实了魏格纳的大陆漂移学说。

● "鹦鹉螺"号载人潜水器

　　1985年，法国研制成"鹦鹉螺"号潜水器，最大下潜深度为6 000米。相对于其他潜水器，"鹦鹉螺"号具有重量更轻、升降速度更快、水下移动速度更快等特点。小型水下机器人系统能帮助它完成极为复杂的水下任务。"鹦鹉螺"号迄今累计下潜近2 000次，先后完成过深海资源勘探、搜救打捞沉船等科学和军事任务。

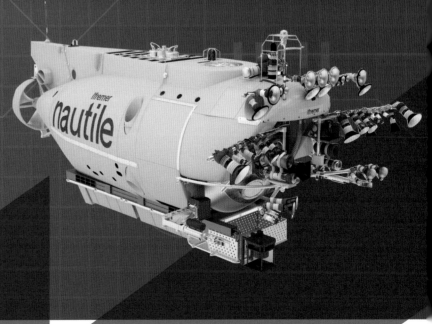

第二节
俄罗斯、日本载人潜水器

俄罗斯

● "和平一号"和"和平二号"潜水器

1987年，苏联建造了两艘同样的潜水器，命名为"和平一号"和"和平二号"。这两艘潜水器能下潜6 000米，连续工作20个小时。1989年，它们完成了失事核潜艇"共青团员"号核辐射检测，2007年完成了"北极－2007"海洋科学考察，2008年完成了贝加尔湖的探险计划，这些都是轰动世界的任务。

知识点

《泰坦尼克号》的珍贵镜头

1995年，"和平一号"和"和平二号"潜水器12次潜到水下4 000米处，拍摄大西洋海底的泰坦尼克号残骸。这些珍贵的镜头后来被用于卡梅隆执导的电影《泰坦尼克号》开头。

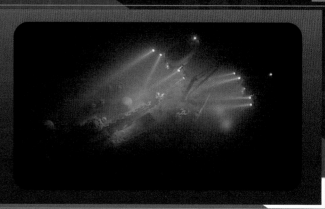

● "深海6500"号潜水器

　　1989年，日本建成了"深海6500"号潜水器，最大下潜深度为6 500米，可搭载3人，水下作业时间8小时，最大生命维持时间高达129小时，最大航速2.5节，曾下潜到6 527米深的海底，创造了载人潜水器深潜的纪录，并保持这一纪录长达23年。

　　"深海6500"号潜水器迄今为止已经下潜了1 500多次，对深海的海洋斜坡和大断层进行了调查，对海啸、海底地震等进行了深入的研究。

中国是继美、法、俄、日后世界上第五个掌握大深度载人深潜技术的国家。"蛟龙"号最大下潜深度为7 062米，创造了世界同类作业型潜水器最大下潜深度纪录，充分彰显了我国的综合实力。

第一节
"蛟龙"号出世

从古至今，我国对海洋的探索从未停止。进入21世纪，随着中国综合国力的增强，我国于2002年将"7 000米载人潜水器"研制项目列为国家高技术研究发展计划（863计划）重大专项。由国家海洋局作为组织部门，由中国大洋矿产资源研究开发协会作为项目业主和组织实施单位。

1 深海利器"蛟龙"号

2009年，我国第一艘深海载人潜水器研制成功，其长达8.2米，宽3米，高3.4米，自重22吨，外形像一头张开嘴的大白鲨，可搭载3名潜航员。2020年，这艘设计下潜深度为7 000米的深海载人潜水器被命名为"蛟龙"号。

2 "蛟龙"号的优势

● "蛟龙"号最大速度为每小时25海里，超过同类型潜水器。

● "蛟龙"号的载人耐压舱采用了钛合金材料。这种材料具有高强度、低密度、抗腐蚀性能高和低温环境下性能好的特点。这些特点使得"蛟龙"号能够抵抗7 000米深的极端环境。但为了安全起见，在实际下潜中不允许超过7 100米。

● "蛟龙"号安装的是充油银锌蓄电池，电量超过110千瓦时，可持续供电几十个小时。下潜和上浮过程原本是最耗电的，但"蛟龙"号采用了无动力下潜上浮技术，大大减少了能耗。

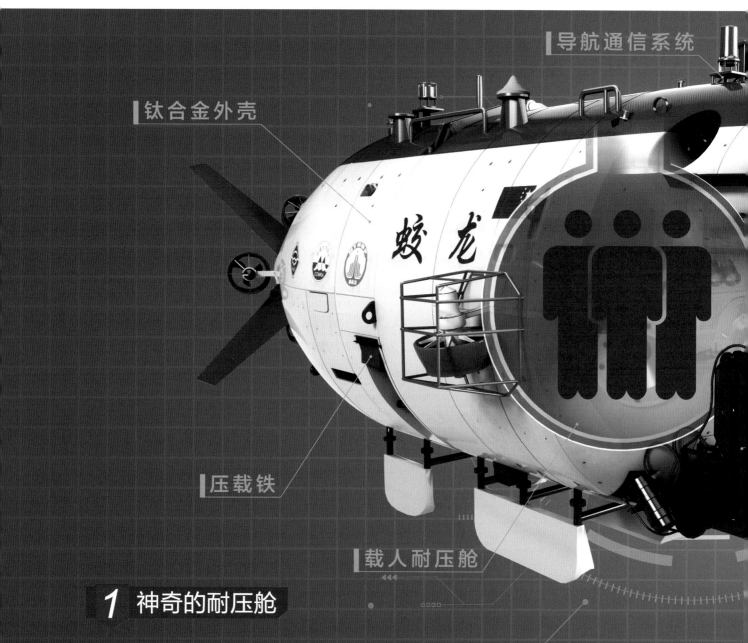

钛合金外壳

导航通信系统

压载铁

载人耐压舱

1 神奇的耐压舱

潜水到7 000米深度时，潜水器的外壳每平方米至少承受7 100吨压力，一般的钢铁都会被这种强压挤压得像面团。"蛟龙"号的载人耐压舱直径2.1米，用重量轻、防腐蚀、强度大的钛合金材料全焊接制造而成。

"蛟龙"号的生命维持系统，能保证载人耐压舱始终保持一个大气压值，氧气浓度维持在17%～23%之间，二氧化碳浓度则小于0.5%。

观测窗

机械手

2 "蛟龙"号的"眼睛"

"蛟龙"号有3个观测窗供潜航员用肉眼直接观测海底，观测窗由均匀、透明的特殊材质制成。为了对抗深海的压强，观测窗非常厚，外大，内小，整体为锥台形。其中，最大的观测窗直径为20厘米。

在"蛟龙"号的头部，安装着16盏灯，在漆黑的海底为潜航员提供照明。此外，"蛟龙"号还安装有高清摄像机、ECCD摄像机和500万像素照相机，构成了一个完整的观察与记录系统。

3 超大力的手臂

　　"蛟龙"号的正前方，安装着两只机械手，左右各一，长度近2米，7个关节都能灵活运动，抓举力约为50~70千克。潜航员一旦在海底发现目标，就操纵"蛟龙"号行驶到相应位置，操纵机械手进行抓取。在两只机械手的中间，是采样篮。机械手采集到的样品先被放到采样篮里。海底暗潮涌动，在这种情况下，机械手能够完成非常精细的动作，令人称道。

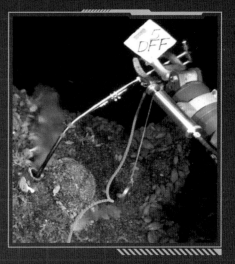

4 多样化的海底样本采集装置

　　为采集海底的样本，科学家特别制作了几种海底样本采集装置。例如海底锰结核采样装置，它像个小簸箕，由金属制成，上面有盖板，顶端有长长的把手和触发机关。只要在海底铲过，就能把淤泥里的锰结核收集进去。

　　海洋生物采样装置是一个长方体的笼子，每个侧壁上都有一个中心，4个喇叭形网袋围绕着它。在笼子中心放上诱饵，鱼、虾等海洋生物钻进去后很难逃走。

5 "蛟龙"号的压载铁

　　潜水器上浮和下潜是靠改变自身重量来实现的。潜水器想要下潜，必须增加自身重量，这就要用到压载铁。"蛟龙"号配备的压载铁分为两种，一种是统一规格的，重123千克；另一种是砝码形式的，可以依靠调整砝码数量来确定重量。

　　下潜前，潜航员经过计算，将相应重量的压载铁挂在"蛟龙"号下腹部两侧的凹槽内。下潜至预定深度时，潜航员会适时抛掉一定数量的压载铁，实现悬停。当任务完成后，压载铁会被逐一抛掉，保证"蛟龙"号安全地浮上海面。

知识点

"蛟龙"号三大突破性技术

◆"蛟龙"号可根据需要，在定向、定高、定深三种自动航行模式中选一种，不用潜航员一直操控，也能在海里安全航行。

◆"蛟龙"号采用水声通信与母船实时联系。水声通信更先进，不但可以传输语音，而且可以传输文字和图像。

◆"蛟龙"号工具种类丰富，包括潜钻取芯器、沉积物取样器、海水取样器和具有保压能力的热液取样器等，能完成各种复杂任务。

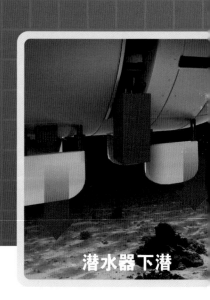

潜水器下潜

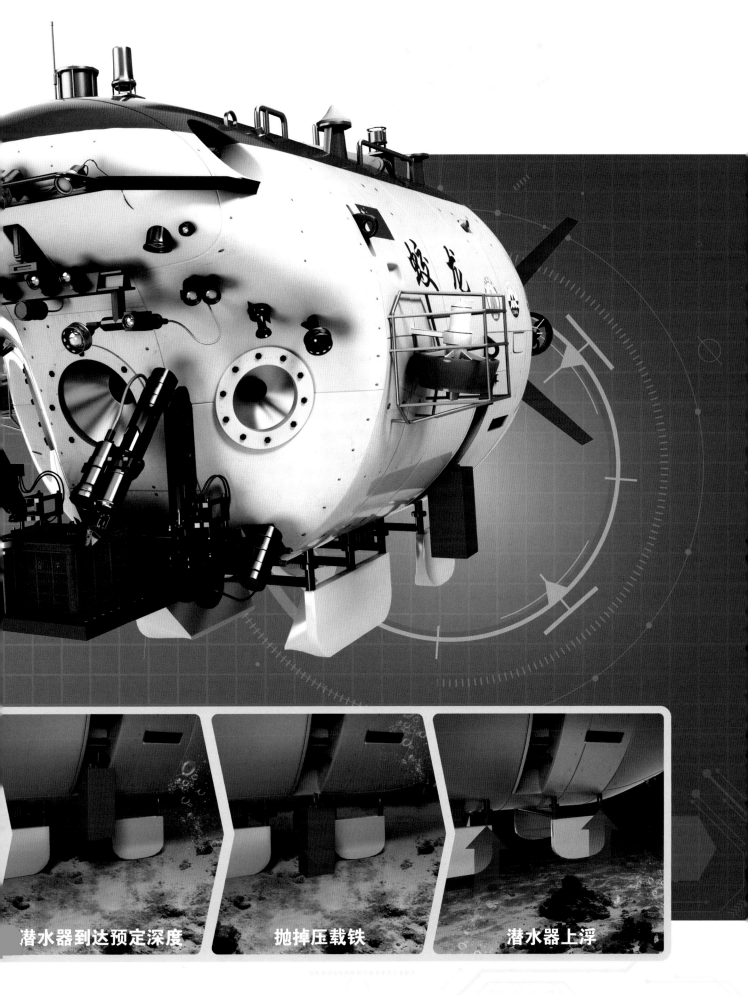

潜水器到达预定深度

抛掉压载铁

潜水器上浮

第三节
海试工作

　　根据海水深度可将海洋分成5层：海洋上层为0~200米，中层带为200~1 000米；半深海层为1 000~4 000米；深海层为4 000~6 000米；超深海层为6 000~11 000米。

　　不同海深环境差别巨大，危险程度也随深度的增加而增加。载人潜水器建造出来后，必须真正到大海里进行由浅入深的试验，才能知道哪些地方需要改进，还存在哪些必须克服的困难。

1 "蛟龙"号3 000米级深潜

2010年8月26日,"蛟龙"号载着3名潜航员,下潜到3 759米。到达预定位置后,抛掉载重物,以零浮力附着在海底。10分钟后,"蛟龙"号向母船传回首张海底图片。接下来,"蛟龙"号通过机械手,把一面五星红旗和龙宫标志物放到了海底。在完成长达9小时03分的水下及海底作业之后,"蛟龙"号顺利浮出海面。这一系列海试工作,标志着"蛟龙"号深潜3 000米级海上试验取得圆满成功。

2 "蛟龙"号5 000米级深潜

北京时间2011年7月26日，"蛟龙"号载着3位潜航员，在东太平洋首次下潜到5 057米。至8月18日，"蛟龙"号下潜了5次，科研人员获得了大量海底照片、视频等资料，采集到了海底生物、沉积物和矿物等标本，并两次在海底放置标志物。"蛟龙"号深潜5 000米级海上试验顺利完成，进一步验证了"蛟龙"号在深海的作业能力。

1989年日本"深海6500"号
▌6 500米

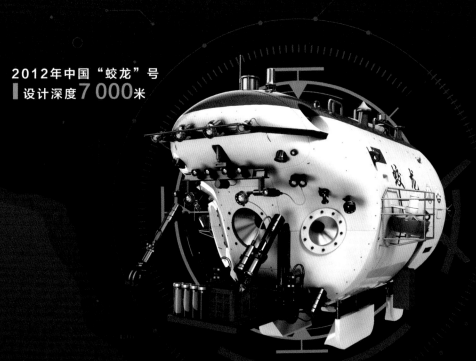

2012年中国"蛟龙"号
▌设计深度7 000米

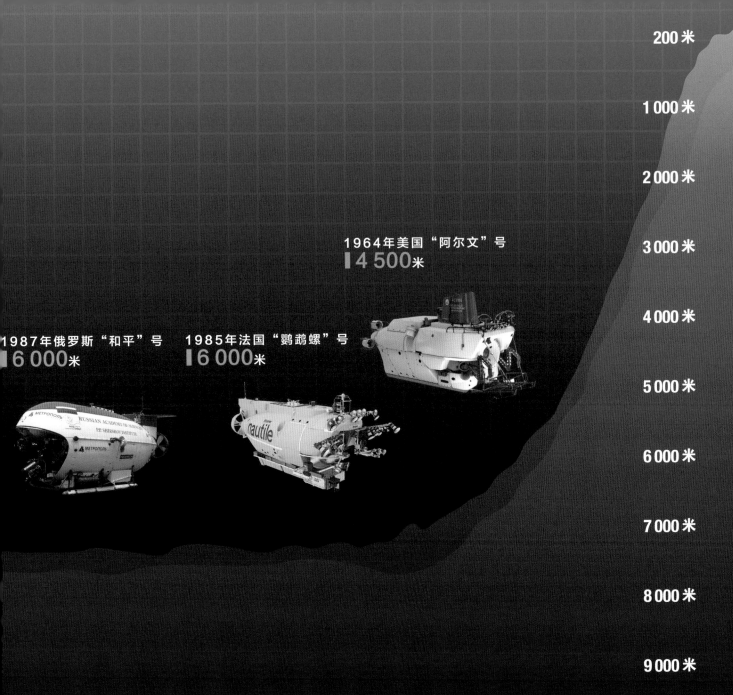

200 米

1 000 米

2 000 米

1964年美国"阿尔文"号
4 500米

3 000 米

4 000 米

1987年俄罗斯"和平"号
6 000米

1985年法国"鹦鹉螺"号
6 000米

5 000 米

6 000 米

7 000 米

8 000 米

9 000 米

3 "蛟龙"号7 000米的重大突破

　　北京时间2012年6月24日，"蛟龙"号在马里亚纳海沟成功下潜到7 020米，并在海底向太空中的"神舟"九号飞船上的航天员发送了祝福，随后航天员做出了回应。6月27日，"蛟龙"号下潜到7 062米，创造了"中国深度"。7月16日，"蛟龙"号顺利返抵青岛。至此，历时44天的7 000米海试圆满完成。

　　此次海试，"蛟龙"号一共完成了6次下潜任务。

第四节
"蛟龙"号的科考母船

1 "向阳红09"号

  "向阳红09"号原本是一艘海洋综合调查船。2007年，"向阳红09"号经过为期一年的大规模改造，成为"蛟龙"号的海上试验母船。

  由于"向阳红09"号是改装的，存在诸多不足，比如噪声大，严重影响与"蛟龙"号的通信；尾部干舷太高，风浪稍大就难以安全地布放和回收"蛟龙"号；没有配备专业的潜水器库房，"蛟龙"号的维护工作只能在甲板上进行。

2 能力超凡的"深海一号"

　　2019年，"深海一号"取代"向阳红09"号，成为"蛟龙"号的工作母船。该船长90.2米，续航力超过14 000海里。

　　针对"向阳红09"号的不足，"深海一号"做了相当多的改进：

● 配备了超过300平方米的实验室，具备数据、样品的现场处理和分析能力；

● 配备潜水器充油、充水、充气、充电和拆检等成套维护保养设备；

● 同时搭载"海龙"号无人缆控潜水器和"潜龙"号无人无缆潜水器，具备"三龙"系列潜水器同时作业能力；

● 在节能降噪方面进行了优化设计。

第五节
"蛟龙"号的继承者 —— "奋斗者"号

　　深海广袤无边，单靠一艘"蛟龙"号无法满足探索需求。我国于2016年立项，研制"奋斗者"号万米载人潜水器。2020年10月27日，"奋斗者"号在马里亚纳海沟成功下潜突破10 000米，达到10 058米，创造了中国载人深潜的新纪录。11月13日，"奋斗者"号在马里亚纳海沟成功坐底，坐底深度10 909米，刷新中国载人深潜的新纪录。11月28日，"奋斗者"号成功完成万米海试并胜利返航。

知识点

"奋斗者"号技术优势

"奋斗者"号采用了我国自主发明的Ti62A钛合金新材料，为"奋斗者"号建造了能够容纳3人的潜水器载人舱球壳。其承受的压力相当于2 000头非洲大象踩在一个人背上的压力。

抗压锂电池是"奋斗者"号的另一个核心装备。

"奋斗者"号拥有更加先进的控制系统、定位系统。

第六节
深海英雄——潜航员

　　成为一名潜航员并不容易，必须通过三关测试：第一关是对基础知识的掌握程度；第二关是身体素质；第三关是心理素质。

　　潜航员又是多个职业的集合体。

　　首先，他们是高级驾驶员。不但要能熟练驾驶潜水器，还要熟练使用潜水器里的各种仪器和设备。当设备需要维修时，潜航员又摇身一变，成为优秀的机修师。

　　其次，他们是科学家。要对与海洋有关的各门学科了如指掌。当自己或同伴生病、受伤时，潜航员会立刻化身为护士和医生，进行现场救治。

　　第三，他们是战士。这里主要指的是要有战士那样坚忍不拔的意志、无惧危险的勇气和团结协作的精神。

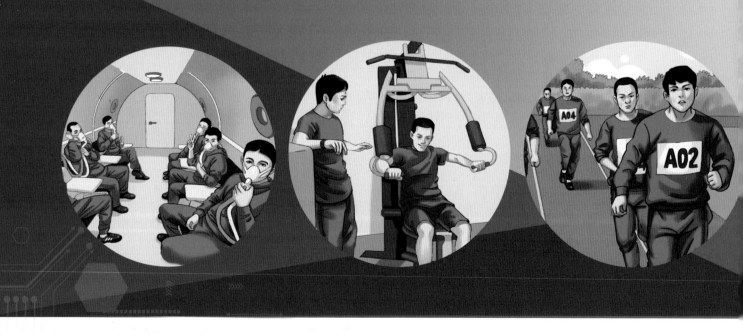

知识点

潜 航 服

　　潜航服是为了帮助潜航员适应舱内环境而专门设计的。看上去就是一件长袖上衣，实际上自有玄机。

　　在海面时，潜水器舱内接近40℃，潜航员浑身流汗，潜航服必须吸汗透气。当潜水器潜入深海时，舱内温度会下降到10℃，这又要求潜航服具备保温功能。

　　另外，一些工作要在甲板上完成，需要潜航服阻隔紫外线。舱内有很多电子设备，潜航服不能产生静电，否则可能对设备产生干扰。潜航服还采用了大量的阻燃材料，即使点着了也会迅速熄灭。

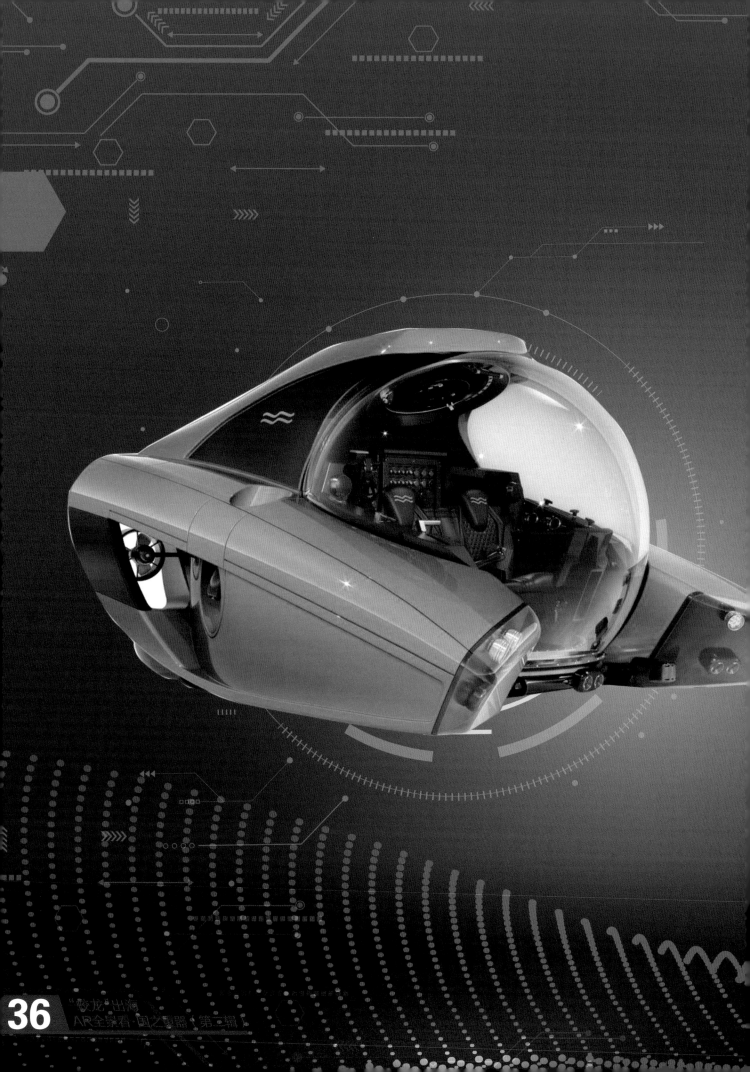

"蛟龙"出海
AR全景看 国之重器（第二辑）

随着人类对海洋探索的逐渐深入，以及对深海的无限遐想，人们对深海载人潜水器的需求越来越迫切。发展以载人潜水器为代表的高技术装备群，已成为海洋强国的普遍共识。

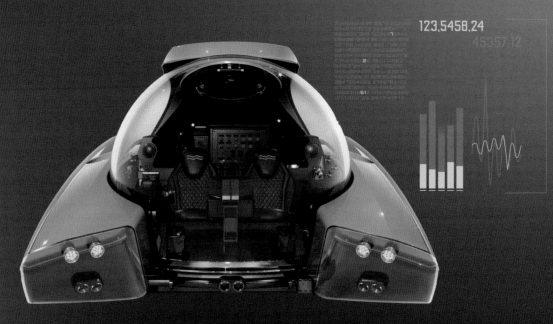

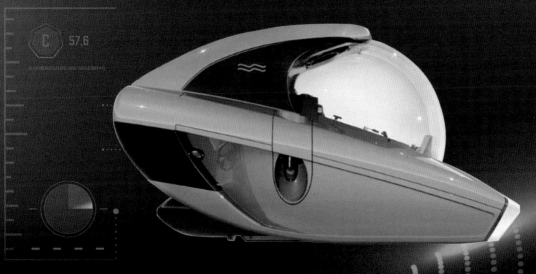

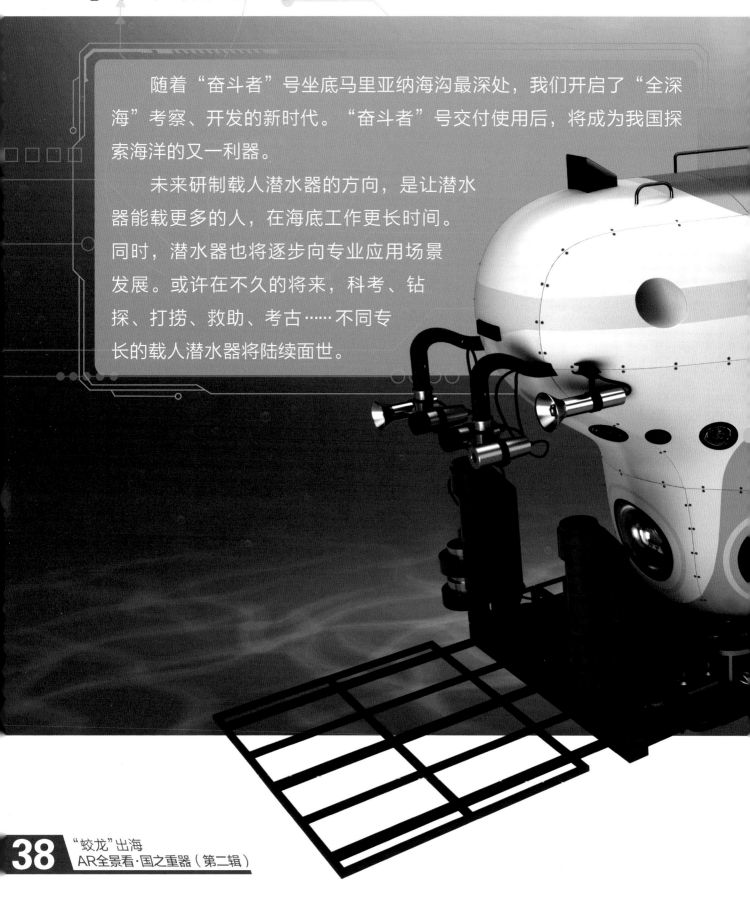

第一节
未来载人潜水器

　　随着"奋斗者"号坐底马里亚纳海沟最深处，我们开启了"全深海"考察、开发的新时代。"奋斗者"号交付使用后，将成为我国探索海洋的又一利器。

　　未来研制载人潜水器的方向，是让潜水器能载更多的人，在海底工作更长时间。同时，潜水器也将逐步向专业应用场景发展。或许在不久的将来，科考、钻探、打捞、救助、考古……不同专长的载人潜水器将陆续面世。

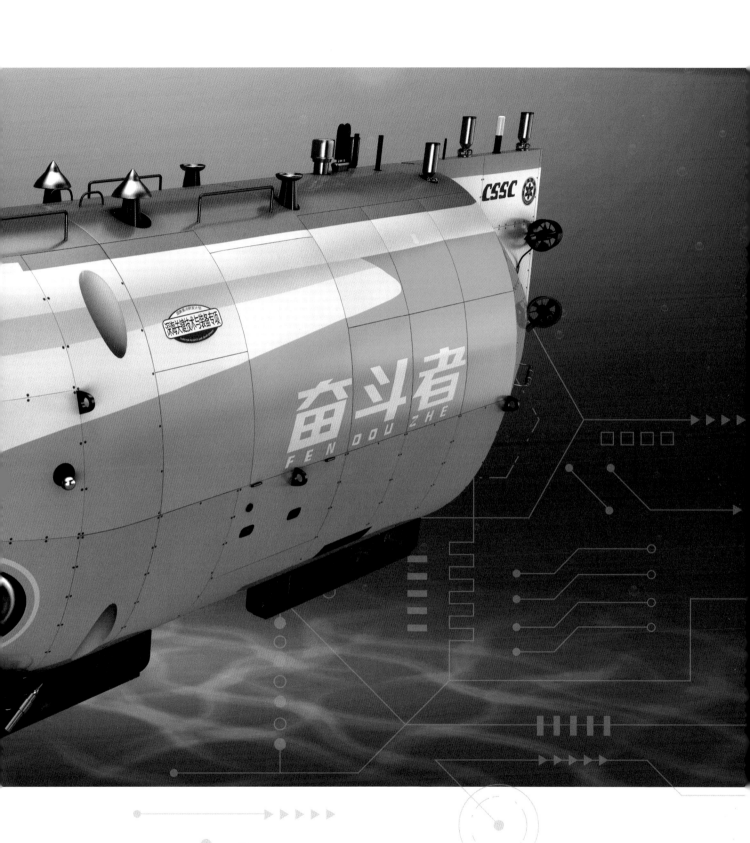

第二节
未来海洋探索

　　海洋深处，是否藏着人类起源的奥秘？深海中，是否有比蓝鲸还要庞大的巨兽？海洋资源开发，能否解决一些资源面临枯竭的问题？海洋，是否有可能成为未来人类的居所？这些都是我们未来探索、开发海洋需要解答的问题，而载人潜水器，或许只是人类未来探索海洋深处奥秘的工具之一。